Eulen und Greifvögel

NEUER
KAISER
VERLAG

Sowohl Eulen als auch Falkenartige und Greifvögel sind fleischfressende Raubvögel, die ihre Beute meist aus dem Flug heraus orten und ergreifen. Sie wurden früher als eine Gruppe betrachtet, bis Ende des 19. Jahrhunderts zuerst die Eulen und Anfang des 21. Jahrhunderts die Falkenartigen jeweils einer eigenen Ordnung zugeführt wurden. Deshalb sind die Raubvögel, die wir Ihnen auf den folgenden Seiten vorstellen, in die drei Kategorien Eulen, Falkenartige und Greifvögel unterteilt.

Eulen sind auf allen Kontinenten außer der Antarktis anzutreffen, wobei die meisten Arten auf der Südhalbkugel leben. Die fleischfressenden Vögel jagen ihre Beute selbst und Aas ist nur in den seltensten Fällen eine Option. Eulen sind überwiegend dämmerungs- und nachtaktiv und haben entsprechende Eigenschaften entwickelt. So besitzen sie ein ausgezeichnetes Gehör, das sie befähigt, auch bei absoluter Dunkelheit ihre Beute zu orten.

Der Gesichtsschleier trägt dazu bei, dass die Schallwellen direkt zu den Ohren geleitet werden. Damit sie trotz der starren Augen seitlich sehen können, ist eine Drehung des Kopfes um bis zu 270 Grad möglich. Wie die Greifvögel und die Falkenartigen verfügen die Eulen über eine nach hinten und drei nach vorne gerichtete Klauen, wobei sie die äußerste Vorderzehe als „Wendezehe" nach hinten drehen können. Was den Nestbau betrifft, so unterscheidet er sich je nach Art: Manche nutzen verlassene Nester oder Baumhöhlen, andere brüten sogar am Boden.

Falkenartige sind nahzu weltweit verbreitet. Die Fleischfresser sind besonders schnelle Flieger, die Geschwindigkeiten bis zu 400 km/h im Sturzflug erreichen. Wie die Greifvögel besitzen sie vier Klauen in der gleichen Anordnung. Ein typisches Merkmal der Falkenartigen ist das runde Nasenloch.

Als Horstbezieher bauen die Falkenartigen keine eigenen Nester, sondern nutzen die verlassenen Nester anderer Vögel. Für die Brut sind die Weibchen zuständig, während

die Männchen für Nahrung sorgen. Diese Jagdflüge können sich über mehrere Kilometer erstrecken. Das Zugverhalten der Falkenartigen richtet sich je nach Art und Nahrungsangebot.

Greifvögel findet man weltweit. Sie sind ausgezeichnete Jäger, die ihre Beute mit ihren Klauen ergreifen. Typisch sind die vier Klauen, von denen drei nach vorne und eine

nach hinten gerichtet ist. Die etwas kleineren Männchen lassen sich nur schwer von den Weibchen unterscheiden, da sie in der Regel eine sehr ähnliche Gefiederfärbung aufweisen. Bei den meisten Greifvögeln ist das Weibchen für das Ausbrüten der Eier zuständig, welche in selbstgebaute Nester gelegt werden. Als Fleischfresser jagen die Greifvögel ihre Beute überwiegend selbst, was sie jedoch nicht daran hindert, zusätzlich bereits erlegte Tiere als Nahrung anzunehmen. Ein mangelhaftes Nahrungsangebot ist auch der Grund, warum manche Greifvögel im Winter ihr Brutgebiet verlassen.

Die Schleiereule ist die einzige Vertreterin der gleichnamigen Gattung in Europa. Als Kulturfolger hat sie sich im Laufe der Zeit immer häufiger in Siedlungsgebieten etabliert. Die Nahrung der nachtaktiven Eule besteht zum überwiegenden Teil aus Feldmäusen.

Merkmale Mit einer Länge von ca. 35 cm und einer Flügelspannweite von ca. 90 cm gehört die Schleiereule zu den mittelgroßen Eulen. Ein typisches Erkennungszeichen ist der namensgebende herzförmige Gesichtsschleier. Auf der Oberseite ist das Gefieder hell- bis goldbraun mit grauen Flecken und kleinen schwarz-weißen Punkten. Die Unterseite ist weiß bis gelbbraun gefärbt, mit eher dunkelbraunen Tupfen. Die Flügel sind lang und schlank. Die wie bei allen Eulen starr nach vorne gerichteten Augen sind schwarz gefärbt. Der Warnruf der Schleiereule ist ein kreischendes „Kraich-kraich".

Auf einen Blick

Gattung
Schleiereulen *(Tyto)*

Länge/Spannweite
33–39 cm/80–95 cm

Verbreitung
Europa, Asien, Afrika

Zugverhalten
Zugvogel

Horst
mehrjährig; in Baumhöhlen, Scheunen, Kirchtürmen

Nahrung
Feldmäuse/Spitzmäuse, Kleinsäuger, Vögel, Frösche

Lebensraum
halboffene Kulturlandschaften, Dörfer

Gelege
ab April; 4–10 weiße Eier

Aussehen
Augen schwarz; fast weißer, herzförmiger Gesichtsschleier; Oberseite goldbraun mit grauen Flecken und schwarz-weißen Punkten, Unterseite weiß bis gelbbraun mit dunkelbraunen Tupfen; Kopf ohne Federohren

Jagd
vom Ansitz aus, Pirschflug

Revier Die Schleiereule bevorzugt Gebiete mit offenen oder halboffenen Landschaften und vielen Kleinsäugetieren. In Waldgebieten ist sie nur selten anzutreffen.

» Auf einen Blick

Gattung
Zwergohreulen *(Otus)*

Länge/Spannweite
19–21 cm/49–54 cm

Verbreitung
Europa, Asien, Afrika

Zugverhalten
Zugvogel; Überwinterung in der Savannenzone in Afrika

Horst
mehrjährig; in Baumhöhlen, Halbhöhlen in Felsen, Mauerlöchern und Nistkästen

Nahrung
größere Insekten, Mäuse

Lebensraum
bevorzugt warme und trockene offene Landschaften mit höhlenreichem Baumbestand

Gelege
Mitte Mai; 3–5 weiße Eier

Aussehen
Augen gelborange; Gefieder graubraun mit unterschiedlichen Weißeinschlüssen; Unterseite mit dunklen Längsstreifen; kleine, hornförmige Federohren

Jagd
niedriger Ansitz, am Boden schlagend, selten im Flug

Die Zwergohreule ist die zweitkleinste Eulenart in Europa und zugleich die kleinste Ohreule. Man findet sie vor allem rund um das Mittelmeer, aber auch zunehmend in Mitteleuropa.

Merkmale Mit einer Länge von ca. 20 cm und einer Flügelspannweite von ca. 50 cm ist die Zwergohreule eine kleine, länglich-schlanke Eule. Aufgrund ihres rindenartigen Gefieders ist sie in der Nähe von Baumstämmen hervorragend getarnt und lässt sich kaum von diesen unterscheiden. Das graue bis kastanienbraune Gefieder weist auf der Ober- und Unterseite eine feine Längsstrichelung auf. Die kurzen, hornförmigen Federohren können vollständig angelegt werden. Die Irisfärbung ist gelb bis orange. Der Gesang ist pfeiftonartig in monoton wiederholter Folge.

Revier Die Zwergohreule bevorzugt warme, trockene und offene Landschaften mit altem, höhlenreichem Baumbestand. Man findet sie auch in Obstgärten oder Parkanlagen mit niedriger Bodenvegetation.

Mit seiner imposanten Größe und Flügelspannweite ist der Uhu die größte europäische Eulenart. Der überwiegend nachtaktive Vogel ist ein geschickter Jäger. Er sitzt gut getarnt auf Ästen und überrascht seine Beute, wobei ihm sein fast lautloser Flug zugute kommt. Seine Nahrung besteht aus kleinen bis mittelgroßen Säugetieren und Vögeln.

Merkmale Mit einer Länge von bis zu 73 cm und einer Flügelspannweite von bis zu 170 cm ist der Uhu eine sehr große Eulenart. Sein Gefieder ist hellbraun gefärbt mit dunkelbraunen Längsstreifen. Die Oberseite ist dunkler als die Unterseite und weist ein borkenartiges Muster auf. Da die orangefarbenen Augen starr sind, muss der Uhu den ganzen Kopf drehen, was bis zu 270 Grad möglich ist. Der Ruf des Uhus ist ein tiefes und dumpfes „U-hu".

» Auf einen Blick

Gattung
Uhus *(Bubo)*

Länge/Spannweite
59–73 cm/bis 170 cm

Verbreitung
Europa, Asien, Afrika, Amerika

Zugverhalten
Standvogel

Horst
mehrjährig; in Felsnischen oder alten Greifvogelnestern

Nahrung
Vögel, Tauben, Kaninchen, Igel, Mäuse und andere Kleinsäuger

Lebensraum
abwechslungsreiche Landschaften mit Bäumen oder Felswänden, auch Städte

Gelege
ab März; 2–5 weiße Eier

Aussehen
Augen orange; Gefieder unten rötlich hellbraun mit dunkler Längsstreifung; Oberseite dunkler mit borkenartigem Muster; lange Federohren

Jagd
vom Ansitz aus, schnelle und elegante Verfolgungsflüge

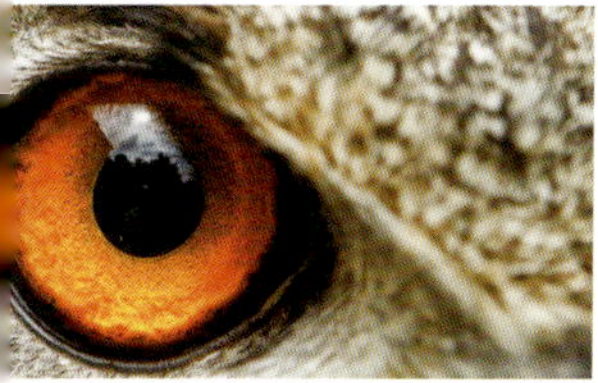

Revier Der flexible Uhu findet sich sowohl in Gebirgen als auch in flachen Waldgebieten, wo er zunehmend siedelt, zurecht. Ideal sind abwechslungsreiche Landschaften mit Gehölzen und Gewässern.

» Auf einen Blick

Gattung
Waldeulen *(Strix)*

Länge/Spannweite
39–42 cm/94–104 cm

Verbreitung
Europa, Nordwestafrika

Zugverhalten
Standvogel

Horst
mehrjährig; in Baumhöhlen, in Gebäuden wie Kirchtürmen oder Scheunen

Nahrung
Mäuse, Kleinsäuger, Vögel, selten auch Fische

Lebensraum
Laub- und Mischwälder, Alleen, Parkanlagen, Gärten mit altem Baumbestand und Gebäude

Gelege
Ende Februar/März; 1–7 weiße Eier

Aussehen
Augen schwarzbraun; Gefieder rindenähnlich, braun mit grauen oder rostroten Tönen; Ober- und Unterseite mit dunklen Längsstreifen; großer, runder Kopf ohne Federohren

Jagd
Ansitzjäger, auch Suchjäger

Der Waldkauz ist die häufigste Eulenart in Deutschland. Diese nachtaktive Eule ist mittlerweile nicht mehr nur in Wäldern, sondern auch in offener strukturierten Landschaften zu finden.

Merkmale Der Waldkauz gehört zu den größeren Eulenarten, obwohl er mit einer Länge von ca. 40 cm und einer Flügelspannweite von ca. 100 cm im Vergleich zum Uhu relativ klein ist. Typisch sind der große runde Kopf ohne Federohren und die schwarzbraunen Augen. Das Gefieder des Waldkauzes kann gräulich, bräunlich oder rötlich sein, aber immer mit einer einheitlichen Zeichnung aus dunklen Längsstreifen. Die ebenfalls gestrichelte Unterseite ist heller als die Oberseite. Der Reviergesang des Männchens ist ein heulendes, lang gezogenes „Huuu-huhuuu".

Revier Der Waldkauz lebt vor allem in Laub- und Mischwäldern, man findet ihn aber auch in Parkanlagen oder Gärten mit höhlenreichem Baumbestand.

Der Habichtskauz ist eine große Eulenart aus der Gattung der Waldeulen. Er verteidigt seinen Nachwuchs heftig und zur Brutzeit kann es schon mal vorkommen, dass er Spaziergänger angreift, die sich seinem Gelege zu sehr nähern.

Merkmale Da der Habichtskauz sehr eng mit dem Waldkauz verwandt ist, ähnelt er diesem auch sehr. Allerdings ist der Habichtskauz kontrastreicher gefärbt. Mit einer Länge von über 50 cm und einer Flügelspannweite von ca. 120 cm ist er auch größer und schwerer als der Waldkauz. Das Gefieder ist graubraun mit deutlicher Längsstrichelung auf der Ober- und Unterseite. Der Gesichtsschleier ist hellgrau, manchmal fast weiß. Im Kontrast dazu stehen die dunklen Augen. Der Schwanz ist relativ lang und gerundet. Die Lautäußerungen des Habichtkauzes sind vielfältig und reichen von einem melodischen „Hu-huu" bis hin zu eher kläffenden Lauten.

» Auf einen Blick

Gattung
Waldeulen *(Strix)*

Länge/Spannweite
50–59 cm/103–124 cm

Verbreitung
Deutschland, Nord- und Südosteuropa

Zugverhalten
Standvogel

Horst
Horstbezieher; in morschen Bäumen, alten Vogelhorsten, Felshöhlen

Nahrung
Mäuse, Kleinsäuger, Vögel, Amphibien, Insekten

Lebensraum
Laub- und Mischwälder mit Altholzbeständen

Gelege
Mitte Februar–Mitte April; 1–6 weiße Eier

Aussehen
Augen schwarzbraun; helles, graubraunes Gefieder mit dunklen Längsstreifen ohne Querzeichnung; großer, runder Kopf mit markantem Gesichtsschleier und ohne Federohren

Jagd
Ansitzjäger, manchmal auch Pirschflug

Revier Der Habichtskauz lebt am liebsten in naturnahen Buchenwäldern mit Altholzbeständen, gerne in der Nähe von Freiflächen, die zur Jagd geeignet sind.

Auf einen Blick

Gattung
Waldeulen *(Strix)*

Länge/Spannweite
60–68 cm/128–148 cm

Verbreitung
Skandinavien, Nordosteuropa und Russland

Zugverhalten
Standvogel; wandert innerhalb seines Verbreitungsgebiets je nach Nahrungsangebot

Horst
nutzt alte Greifvogelhorste und Baumstümpfe

Nahrung
Kleinsäuger, vor allem Feldmäuse

Lebensraum
alte Wälder mit angrenzenden offenen Flächen

Gelege
Mitte April; 4–5 weiße Eier

Aussehen
Augen gelb; Gefieder grau mit kräftiger Längsstreifung auf der Unterseite; schwarzes „Bart"-Gefieder unter dem Schnabel; großer Kopf ohne Federohren

Jagd
Ansitzjäger, auch Suchflugjäger

Der Bartkauz lebt vor allem in den Nadelwäldern von Weißrussland, Nordschweden und Finnland. Bei der Jagd erkennt er seine Beute aus Entfernungen von bis zu 40 m und ergreift sie zielgenau im Gleitflug.

Merkmale Mit einer Flügelspannweite von ca. 140 cm und einer Länge von über 60 cm ist der Bartkauz eine der größten Eulenarten. Das grau gefärbte Gefieder ist mit dunklen Streifen durchsetzt. Sein typischstes Merkmal ist der große, runde Kopf ohne Federohren mit dem schwarzen „Bart", dem er seinen Namen verdankt. Auffallend sind auch die gelben Augen sowie der Gesichtsschleier, der von dunklen Federkreisen durchzogen ist. Der Reviergesang des Männchens sind tiefe „Ho-ho"-Töne.

Revier Der Bartkauz bewohnt gerne Altholzbestände von Kiefern-, Fichten- und Birkenwäldern – möglichst mit Lichtungen.

Der Sperlingskauz ist der kleinste europäische Eulenvogel und kaum größer als ein Haussperling. Er hat eine große Vorliebe für die Baumhöhlen des Buntspechtes, in welchen er dann seinen Brutplatz einrichtet.

Merkmale Mit einer Länge von unter 20 cm und einer Flügelspannweite bis knapp 40 cm ist der Sperlingskauz eine der kleinsten Eulenarten der Welt. Sein breiter, flacher Kopf lässt seinen Körper gedrungen wirken. Über den kleinen, orange bis gelb gefärbten Augen erkennt man deutlich weiße „Augenbrauen". Das Gefieder ist auf der Oberseite dunkelbraun gefärbt mit kleinen weißen Einsprenkelungen. Auf der Unterseite zeigt das weiße Gefieder eine braune Längsstrichelung. Die auffallenden Rufe des Sperlingskauzes sind bei Männchen und Weibchen sehr unterschiedlich.

» Auf einen Blick

Gattung
Sperlingskäuze *(Glaucidium)*

Länge/Spannweite
16–19 cm/35–39 cm

Verbreitung
Nord- und Mitteleuropa

Zugverhalten
Standvogel in den Alpen und in höher gelegenen Mittelgebirgen, zunehmend auch in tiefer gelegenen Waldgebieten

Horst
mehrjährig; in Spechthöhlen

Nahrung
Kleinsäuger, Kleinvögel

Lebensraum
abwechslungsreiche Nadel- und Mischwälder mit Lichtungen

Gelege
Mitte April; 5–7 weiße Eier

Aussehen
Augen gelb; Oberseite dunkelbraun mit weißer Sprenkelung, Unterseite weiß mit dunkler Strichelung

Jagd
Ansitzjäger, Vögel werden im Flug gejagt

Revier Der Sperlingskauz lebt in älteren Nadel- und Mischwäldern mit aufgelockerten Strukturen, in welchen er Spechthöhlen und einen guten Bestand an Beutetieren vorfindet.

» Auf einen Blick

Gattung
Steinkäuze *(Athene)*

Länge/Spannweite
21–23 cm/53–58 cm

Verbreitung
Eurasien, Nordafrika

Zugverhalten
Standvogel, Strichzieher, Kurzstreckenzieher

Horst
mehrjährig; in Höhlen von Kopfweiden und Obstbäumen, in Mauerlöchern

Nahrung
Würmer, Mäuse, Kleinvögel, Reptilien, Amphibien, Insekten

Lebensraum
offenes Gelände mit niedriger Vegetation, Siedlungen

Gelege
Mitte April–Mitte Mai;
3–5 weiße Eier

Aussehen
Augen gelb; Stirn und Scheitel weiß gesprenkelt; Oberseite erdbraun, weiß gefleckt; Unterseite weiß mit breiter brauner Strichelung

Jagd
Ansitzjäger, Bodenpirscher, Such-/Rüttelflug

Der Steinkauz, eine der bekanntesten europäischen Eulenarten, war im alten Griechenland das Sinnbild der Göttin Athene. Das erkennt man heute noch an seinem wissenschaftlichen Namen, der „Nächtliche Athene" bedeutet. Der nachtaktive Steinkauz geht auch manchmal tagsüber auf die Jagd, nämlich dann, wenn er seinen Nachwuchs mit Nahrung versorgen muss.

Merkmale Der Steinkauz ist mit einer Länge von knapp über 20 cm und einer Flügelspannweite von ca. 55 cm kleiner als eine Taube. Sein Gefieder ist auf der Oberseite erdbraun und weist längs angeordnete weiße Flecken auf. Die Unterseite ist gelblich weiß mit brauner Strichelung. Auffallend sind die großen gelben Augen sowie die darüber liegenden weißen „Augenbrauen". Seine Lautäußerung hat eine große Bandbreite von bis zu 40 verschiedenen Rufen.

Revier Der Steinkauz lebt in offenen Kulturlandschaften mit niedriger Vegetation, wie z. B. Streuobstwiesen.

Der Raufußkauz ist eine kleine Eulenart aus der Gattung der Raufußkäuze, die mit insgesamt nur vier Arten weltweit vertreten ist. Den Namen erhielt die Eule wegen ihrer gefiederten Zehen: Der Begriff „rau“ bedeutete ursprünglich so viel wie „pelzig“.

Merkmale Mit einer Länge von ca. 25 cm und einer Flügelspannweite von ca. 55 cm ist der Raufußkauz so klein wie der Steinkauz. Da er auch ein sehr ähnliches Gefieder hat, kann er leicht mit diesem verwechselt werden. Der Gesichtsschleier des Raufußkauzes ist hell mit dunkler Umrandung. Zwischen seinen leuchtend gelben Augen und dem Schnabel erkennt man jeweils einen schwarzen Fleck. Auf der Oberseite ist das Gefieder braun mit weißen, rundlichen Flecken, auf der Unterseite hell mit dunklen Flecken. Sein Gesang besteht aus einer Serie leicht ansteigender „Uü“-Töne.

» Auf einen Blick

Gattung
Raufußkäuze *(Aegolius)*

Länge/Spannweite
24–26 cm/53–60 cm

Verbreitung
Nord-, Ost- und Mitteleuropa

Zugverhalten
Standvogel in Europa, in anderen Gebieten teils Zugvogel

Horst
mehrfach; Höhlenbrüter, in Altholzbeständen und Schwarzspechthöhlen

Nahrung
Mäuse, Kleinvögel

Lebensraum
Misch- und Nadelwälder

Gelege
Mitte April–Anfang Mai; 3–6 weiße Eier

Aussehen
Augen gelb; Oberseite braun mit weißen Sprenkeln; Unterseite hellgrau bis weiß mit dunklen Flecken; helles Gesichtsfeld mit dunkler Umrandung, v-förmige, helle Zeichnung zwischen den Augen

Jagd
Ansitzjäger, fliegt seine Beute im Sturzflug an

Revier Der Raufußkauz ist meist in alten Rotbuchen- oder Kiefernbeständen zu finden. Hier sollten auch Schwarzspechte vorkommen, da der Kauz in deren Höhlen brütet.

» Auf einen Blick

Gattung
Ohreulen *(Asio)*

Länge/Spannweite
35–37 cm/84–95 cm

Verbreitung
Europa, China, Mongolei bis Japan, Kanada, Nord-/Mittelamerika

Zugverhalten
Standvogel, Kurzstreckenzieher

Horst
mehrjährig; in Greifvögel-, Krähen- und Elsternnestern

Nahrung
Mäuse, Kleinvögel, Würmer

Lebensraum
offenes Gelände, lichte Wälder, Feldgehölze, Parks

Gelege
Ende März–Mitte April; 4–6 weiße Eier

Aussehen
Augen orangegelb; Oberseite gelblich braun mit dunkler Marmorierung; Unterseite hell rostgelb mit dunklen Längsstreifen; gelblich weißer Gesichtsschleier und v-förmige, helle Zeichnung zwischen den Augen; lange Federohren

Jagd
Ansitzjäger, auch Suchflug

Die Waldohreule ist eine der häufigsten Eulen in Mitteleuropa. Da sie sich hauptsächlich von Feldmäusen ernährt, ist ihr Vorkommen von den Feldmausbeständen abhängig.

Merkmale Mit einer Körpergröße von ca. 35 cm und einer Flügelspannweite von ca. 90 cm ist die Waldohreule zwar ungefähr so groß wie der Waldkauz, aber schlanker und leichter. Typisch sind die Federohren, die orangefarbenen Augen sowie das auf der Oberseite gelb-braune Gefieder mit dunkler, rindenartiger Marmorierung. Die rostgelbe Unterseite ist mit dunklen Längsstreifen durchzogen. Der Gesichtsschleier hat eine v-förmige Zeichnung zwischen den Augen. Ihre Rufe sind dunkle „Huh"-Töne im Sekundentakt.

Revier Die Waldohreule bevorzugt offene Flächen und überschaubares Gelände mit niedrigem Bewuchs, da sie hier besonders gut jagen kann.

Die Sumpfohreule kommt in Mitteleuropa eher selten vor. Sie wurde nach ihrer Vorliebe für Sumpf- und Feuchtgebiete benannt. Hier geht der nachtaktive Vogel auch ab und zu tagsüber auf die Jagd.

Merkmale Die Sumpfohreule hat eine Länge von ca. 40 cm bei einer Flügelspannweite von ca. 100 cm. Von der nur wenig kleineren Waldohreule unterscheidet sie sich vor allem durch die Federohren: Sie sind bei der Sumpfohreule stark zurückentwickelt und kaum zu sehen. Ihre intensiv gelb gefärbten Augen sind schwarz umrandet und von einem hellen Gesichtsschleier umgeben. Die Grundfarbe des Gefieders ist Gelbbraun mit dunklen Flecken auf der Oberseite und ebenfalls dunkler Strichelung auf der Unterseite. Der Reviergesang der Sumpfohreule ist ein dumpfes und häufig wiederholtes „Bu-bu".

» Auf einen Blick

Gattung
Ohreulen *(Asio)*

Länge/Spannweite
34–42 cm/96–107 cm

Verbreitung
nördliches Eurasien, Nordamerika, Teile Südamerikas, Südatlantik, Russland, Asien, Hawaii

Zugverhalten
Standvogel, in Nordeuropa Teilzieher

Horst
einjährig; in einer Mulde am Erdboden

Nahrung
Mäuse, Kleinvögel

Lebensraum
offene Landschaften mit niedriger, dichter Vegetation

Gelege
April/Mai; 7–10 weiße Eier

Aussehen
Augen gelb; gelbbraunes Gefieder, auf der Oberseite dunkel gefleckt, auf der Unterseite gestrichelt; heller Gesichtsschleier mit schwarz umrandeten Augen

Jagd
Suchflugjagd

Revier Sumpfohreulen bevorzugen feuchte Niederungen, Sümpfe und Moore sowie offene Dünenlandschaften an der Küste.

Auf einen Blick

Gattung
Falken *(Falco)*

Länge/Spannweite
31–37 cm/68–78 cm

Verbreitung
Europa, Asien, Afrika

Zugverhalten
Standvogel in Mitteleuropa, Zugvogel in Nord- und Osteuropa

Horst
mehrjährig; auf steilen Felsen mit Nischen oder Vorsprüngen, in alten Nestern anderer Vögel

Nahrung
Kleinsäuger, Kleinvögel

Lebensraum
offene Landschaften mit niedriger Vegetation, menschliche Siedlungen

Gelege
Mitte April–Mitte Mai; 4–6 gelbliche Eier mit rotbraunen Flecken

Aussehen
Augen dunkelbraun; Oberseite rotbraun mit dunklen Flecken, Unterseite bräunlich hell und gefleckt, Kopf älterer *Männchen* grau, bei *Weibchen* und Jungvögeln rotbraun

Jagd
Rütteln, Ansitz

Dieser kleine Greifvogel ist der häufigste Falke in Deutschland. Er lebt als Kulturfolger oft in Siedlungsnähe. Typisch für den Turmfalken ist sein Rüttelflug: Hierbei steht er mit schnellem Flügelschlag in der Luft, bevor er sich auf seine Beute stürzt.

Merkmale Mit einer Länge von ca. 35 cm und einer Flügelspannweite von ca. 75 cm zählt er zu den kleineren Falken. Ältere Männchen unterscheiden sich von den weiblichen Tieren durch die Gefiederfärbung: Ihr Kopf ist hellgrau und der Rücken rotbraun. Auch der Stoß ist hellgrau, mit schwarzer Endbinde. Weibliche Vögel – und auch Jungvögel – sind am Kopf, Rücken und Schwanz rotbraun gefärbt. Die Rufe des Turmfalken sind „Ki-ki-ki"-Laute.

Revier Der Turmfalke benötigt zum Jagen offene Flächen mit niedrigem Bewuchs und lebt deshalb vorzugsweise in Kulturlandschaften, auch oft in Siedlungsnähe.

Der Rotfußfalke, ein kleiner Greifvogel, hat seinen Namen von seinen orangeroten Zehen und der rostroten Befiederung der Beine, die besonders bei den blaugrauen Männchen auffällt.

Merkmale Der eher kleine Rotfußfalke hat eine Länge von ca. 30 cm und eine Flügelspannweite von ca. 70 cm. Wie bei vielen kleinen Falkenarten haben die Geschlechter unterschiedliches Gefieder: Das grau gefärbte Männchen weist eine ziegelrote Färbung der Beinbefiederung und der Unterschwanzdecken auf. Beim erwachsenen Weibchen sind der Kopf und die Unterseite rostgelb, die Oberseite ist dunkelgrau mit dunkler Querbänderung. Die Beine und Füße sind bei beiden Geschlechtern orangerot. Die Rufe des Rotfußfalken sind hohe, bei großer Aufregung auch keckernde „Kjii-kjii"-Laute, die man vor allem in der Vorbrutzeit hören kann.

» Auf einen Blick

Gattung
Falken *(Falco)*

Länge/Spannweite
29–31 cm/66–78 cm

Verbreitung
Ost- und Südosteuropa

Zugverhalten
Zugvogel

Horst
Nestbezieher, Koloniebrüter; in alten, verlassenen Krähennestern

Nahrung
Insekten, Kleinsäuger, Eidechsen, Kröten

Lebensraum
halboffene Landschaften, Moore, Heiden und Flussauen

Gelege
Mai/Juni; 2–5 helle, rotbraun gesprenkelte Eier

Aussehen
Augen orangerot; Zehen rotorange; *Männchen:* Oberseite dunkel blaugrau, Unterseite schiefergrau; *Weibchen:* Oberseite blaugrau mit schwarzer Bänderung, Unterseite rostgelb

Jagd
im Flug, Ansitzjäger, Rüttelflug, zu Fuß, auch in Gruppen

Revier Der Rotfußfalke lebt sowohl in Steppengebieten als auch in Feuchtgebieten und offenem Kulturland. In Gebirgen oberhalb von 300 m kommt er selten vor.

Auf einen Blick

Gattung
Falken *(Falco)*

Länge/Spannweite
29–36 cm/70–85 cm

Verbreitung
Europa, Asien, Nordwestafrika

Zugverhalten
Zugvogel in Mitteleuropa

Horst
einjährig; auf steilen Felsen mit Nischen oder Vorsprüngen, in verlassenen Krähennestern

Nahrung
Kleinvögel, Insekten

Lebensraum
offene Landschaften, Moore, Heiden, auch in Gewässernähe

Gelege
Mitte Mai–Mitte Juni; 2–3 gelbliche Eier mit dunklen Flecken

Aussehen
Augen dunkelbraun; Oberseite schiefergrau, Unterseite weiß mit dunkler Längsfleckung, rostrote „Hosen" und Unterschwanzdecken

Jagd
aktive Jagd im Flug

Der Baumfalke ist nach dem Turmfalken die zweithäufigste Falkenart in Deutschland. Er ist ein schneller und wendiger Flieger und sehr geschickt bei der Jagd auf Vögel und Libellen.

Merkmale Mit einer Länge von ca. 30 cm und einer Flügelspannweite von ca. 75 cm ist der Baumfalke fast so groß wie der Turmfalke. Auffallend ist der dunkle Backenstreif, der sich von den weißen Wangen und der Kehle abhebt. Die helle Unterseite weist dunkle Längsstreifen auf, die Oberseite ist schiefergrau. Altvögel tragen als markantes Kennzeichen rostrote „Hosen", wohingegen diese bei Jungvögeln eher gelblich sind. Die Lautäußerungen des Baumfalken sind vielfältig, häufig ist es ein hohes „Ki-ki".

Revier Den Baumfalken findet man häufig an den Rändern von Altholzbeständen, aber auch in Auwaldbereichen oder Feldgehölzen. Im Gebirge ist er eher selten anzutreffen.

Der Wanderfalke ist neben dem Fischadler die zweite Greifvogelart mit fast weltweiter Verbreitung. Er ist ein hervorragender Flieger, der seine Beute im Sturzflug ergreift. Hierbei erreicht er eine Geschwindigkeit von mehr als 300 km/h.

Merkmale Mit einer Länge von bis zu 51 cm und einer Flügelspannweite von ca. 100 cm gehört der Wanderfalke zu den größeren Vertretern seiner Gattung. Aufgrund seiner Größe und mit seinen langen, spitz zulaufenden Flügeln ist er im Flug gut zu erkennen. Typisch sind auch die schnellen und kraftvollen Flügelschläge. Ein weiteres Merkmal ist der beidseitige dunkle Backenstreif. Die Oberseite ist bei älteren Vögeln blaugrau gefiedert und bei jungen rotbraun. Die Unterseite zeigt sich bei Ersteren weißlich und bei Letzteren eher beige, jeweils mit dunklen Malen. Bei Gefahr ertönt ein durchdringendes „Eek-eek".

Auf einen Blick

Gattung
Falken *(Falco)*

Länge/Spannweite
35–51 cm/80–114 cm

Verbreitung
nahezu weltweit

Zugverhalten
Standvogel in Mitteleuropa

Horst
mehrjährig; auf steilen Felsen mit Nischen oder Vorsprüngen, in verlassenen Nestern

Nahrung
Kleinvögel bis hin zu Krähen

Lebensraum
offene Landschaften mit steilen Felsen

Gelege
Mitte/Ende März; 3–4 gelbliche Eier mit rotbraunen Flecken

Aussehen
Augen dunkelbraun; *Altvögel:* Oberseite blaugrau, Unterseite weißlich mit schwarzer Querbänderung; *Jungvögel:* Oberseite rotbraun, Unterseite beige mit brauner Längsstreifung

Jagd
Ansitz, Anwarten

Revier Freie Flächen sind ideal zum Jagen. Deshalb ist der Wanderfalke oft in offenem Gelände und an Gewässern mit reichem Vogelbestand anzutreffen.

» Auf einen Blick

Gattung
Wespenbussarde *(Pernis)*

Länge/Spannweite
50–60 cm/118–144 cm

Verbreitung
Europa, westliches Asien

Zugverhalten
Zugvogel

Horst
mehrjährig; in Baumkronen im Waldinneren

Nahrung
Wespenlarven und -puppen, Hummellarven, Kleintiere, auch Früchte

Lebensraum
Waldbereiche

Gelege
Ende Mai–Mitte Juni; 2 weiße bzw. hellbraune Eier mit roten bzw. schwarzbraunen Flecken

Aussehen
Augen gelb; Oberseite dunkelbraun; Unterseite heller bis fast weiß, am Stoß drei dunkle Binden

Jagd
vom Ansitz aus, Suchflug, zu Fuß

Der Name des Wespenbussards deutet auf seine besondere Nahrung hin: Sie besteht vor allem aus der Brut der Faltenwespen. Diese kratzt er mit dem Fuß aus dem Boden, wobei ihn Hornplatten an den Füßen vor Wespenstichen schützen.

Merkmale Der mittelgroße Beutegreifer hat eine Länge von bis zu 60 cm und eine Flügelspannweite von ca. 130 cm. Sein Gefieder ist an der Oberseite dunkel- bis graubraun, an der Unterseite variiert die Färbung von fast weiß bis braun. Bei älteren Männchen ist der Kopf blaugrau, bei Weibchen meist braun. Da der Wespenbussard bei der Nahrungssuche auch den Kopf in Wespenlöcher steckt, ist das Gefieder hier besonders dicht. Der Balzruf des Wespenbussards klingt ungefähr wie „bliüi-joid-joid".

Revier Der Wespenbussard lebt hauptsächlich in lichten Wäldern oder in abwechslungsreichen Randgebieten.

Der Mäusebussard ist der häufigste europäische Greifvogel. Er ernährt sich seinem Namen entsprechend überwiegend von Mäusen. Bei kreisenden Suchflügen in großer Höhe hält der Thermikflieger in offenen Landschaften Ausschau nach seiner Beute.

Merkmale Der mittelgroße Greifvogel erreicht eine Länge von bis zu 57 cm und eine Spannweite von bis zu 128 cm. Die Farbpalette seines Gefieders reicht von fast reinweiß über nahezu alle creme- und brauntonigen Varianten bis zu dunkelbraun. Ein Erkennungszeichen ist der mit 8 bis 12 Bändern durchgehend eng gebänderte Stoß. Das Brustband ist in der Regel dunkel quergestreift. Im Flug erkennt man ihn an dem kurzen Hals, den breiten, gerundeten Flügeln sowie dem ebenfalls gerundeten Schwanz. Der Ruf des Mäusebussards klingt miauend und ist ein lauter „Hiääh"-Ton.

» Auf einen Blick

Gattung
Bussarde *(Buteo)*

Länge/Spannweite
51–57 cm/113–128 cm

Verbreitung
fast in ganz Europa und in Teilen Asiens

Zugverhalten
Strich- und Standvogel

Horst
mehrjährig; in Altholzbeständen, z. T. auch an Felswänden

Nahrung
Mäuse, Kleinsäuger, Reptilien, Amphibien, Insekten, Vögel

Lebensraum
offene Landschaften mit Bäumen, Hecken, Streuobstwiesen

Gelege
Mitte März–Mitte April; 2–3 weiße Eier, rotbraun/graubraun gefleckt

Aussehen
Augen grau- bis schwarzbraun; Gefiederfarbe von dunkelbraun bis fast weiß, Stoß mit dunkler Endbinde mit 8–12 Querbinden

Jagd
vom Ansitz oder aus dem Suchflug

Revier Der Mäusebussard bewohnt kleinere Waldgebiete, die an offene Landschaften grenzen. Seine Nahrung sucht er meist auf Wiesen, Weiden oder in Feuchtgebieten.

» Auf einen Blick

Gattung
Bussarde *(Buteo)*

Länge/Spannweite
53–63 cm/120–150 cm

Verbreitung
um den Nordpol, Tundra- und Taigazonen der Nordhalbkugel

Zugverhalten
Zugvogel

Horst
mehrjährig; auf Felsklippen, Bäumen, im Boden

Nahrung
Kleinsäuger, Lemminge, Wühlmäuse

Lebensraum
offene Strauch- und Moostundra

Gelege
Mai–Juni; 3–4 schmutzigweiße Eier mit roten Flecken (selten bis 7 Eier)

Aussehen
Augen hellbraun; Kopf und Nacken meist weißlich mit dunkler Strichelung; Oberseite zimtbraun; Beine bis zu den Fängen befiedert, Stoß mit einer dunklen Endbinde

Jagd
vom Ansitz, Suchflug, rüttelfreudig

Der Raufußbussard ist sehr leicht mit dem Mäusebussard zu verwechseln. Er macht wie dieser Jagd auf Mäuse und im Norden, wo er überwiegend zu finden ist, auch auf Lemminge.

Merkmale Mit einer Länge von bis zu 63 cm und einer Flügelspannweite bis 150 cm ist der Raufußbussard nur wenig größer als der Mäusebussard. Er ist allerdings kompakter und langflügeliger. Die Oberseite ist meist zimtbraun gefärbt, die Unterseite gefleckt in Grau- und Brauntönen. Der Stoß ist immer weiß, mit dunkler Endbinde. Der helle Kopf weist eine dunkle Strichelung auf und vom Auge zum Schnabel verläuft ein Backenstreif. Als Hauptruf lässt der Raufußbussard ein langgezogenes „Pi-ii-ääh" erklingen.

Revier Der Raufußbussard lebt in den baum- und strauchlosen Bereichen der Tundra. Auch auf Wiesen, Feldern, an Küsten und in Mooren ist er zu sehen.

Der Rotmilan, ein mittelgroßer Greifvogel, ist mit seinen großen Flügeln und dem geringen Gewicht ein hervorragender Segelflieger. Er überrascht seine Beute und nimmt sie im Darüberflug auf, ohne zu landen. Auch Fische greift er von der Wasseroberfläche ab.

Merkmale Mit einer Länge von ca. 70 cm und einer Flügelspannweite von bis zu 180 cm ist der Rotmilan eine sehr imposante Erscheinung. Das Männchen erkennt man nur daran, dass es kleiner ist als das Weibchen, denn das Gefieder ist in der Färbung identisch: Auf der Oberseite ist es rötlich braun und auf der Unterseite hell-rötlich, mit dunkler Längsstrichelung. Der Kopf ist sehr hell, manchmal fast weiß. Im Flug erkennt man den Rotmilan an seinem charakteristischen, tief gegabelten Stoß. Seine Lautäußerung ist ein seltenes, aber schrilles und langgezogenes „Wiieeh".

» Auf einen Blick

Gattung
Milane *(Milvus)*

Länge/Spannweite
60–73 cm/150–180 cm

Verbreitung
Mittel- und Südeuropa

Zugverhalten
Stand-, Zug- und Strichvogel

Horst
mehrjährig; in hohen, alten Bäumen

Nahrung
Kleinsäuger, Mäuse, Ratten, Hamster, Kleinvögel, Fisch, auch Aas

Lebensraum
Laub- und Mischwälder mit alten Bäumen, offenes Gelände an Waldrändern, an Gewässern

Gelege
Mitte April–Mitte Mai; 2–4 trübweiße Eier mit rotbraunen Flecken

Aussehen
Augen gelb; Oberseite dunkel bis rostrot mit hellen Säumen; Unterseite hell; Kopf hellgrau; langer, rötlicher Stoß mit tiefer Gabelung

Jagd
Suchflug

Revier Den Rotmilan findet man häufig an bewaldeten Berghängen. Hier kann er die Thermik nutzen, um seine Beute zu jagen. Er hält sich auch gerne in der Nähe von Gewässern auf.

» Auf einen Blick

Gattung
Milane *(Milvus)*

Länge/Spannweite
55–60 cm/140–150 cm

Verbreitung
Europa, Afrika, Asien

Zugverhalten
Zugvogel

Horst
mehrjährig; in hohen Bäumen

Nahrung
Kleinsäuger, Mäuse, Ratten, Hamster, Kleinvögel, Fisch, auch Aas

Lebensraum
offene Landschaften in Gewässernähe

Gelege
April–Mai; 2–3 trüb-weiße Eier mit sepiafarbenen Flecken

Aussehen
Augen hellbraun-gelb; Oberseite dunkelbraun; Unterseite rötlich braun, Kopf und Nacken heller

Jagd
Suchflug, Beuteschmarotzer

Im Gegensatz zu seinem nächsten Verwandten, dem Rotmilan, ist der Schwarzmilan etwas kleiner und nahezu weltweit verbreitet. Er hat ein sehr breites Nahrungsspektrum, das von kleinen Beutetieren bis hin zu Aas reicht.

Merkmale Der Schwarzmilan hat eine Länge von bis zu 60 cm und eine Flügelspannweite von bis zu 150 cm, wobei das Männchen kleiner ist als das Weibchen. Sein Gefieder ist dunkelbraun gefärbt und kann an der Unterseite leicht ins Rötliche gehen. Kopf und Nacken sind heller, ebenso das Oberflügelband. Der Schwanz ist nur schwach gegabelt und hat aufgefächert eine fast dreieckige Form. Der Ruf des Schwarzmilans ist ein melodiöses Trillern.

Revier Der Schwarzmilan lebt gerne an baumbestandenen Seeufern oder fließenden Gewässern. Er ist aber sehr flexibel und nimmt bei ausreichendem Nahrungsangebot auch wasserferne Standorte an.

Der mittelgroße einheimische Greifvogel ähnelt sehr dem Sperber, ist aber größer und kräftiger als dieser. Seine Hauptbeute besteht aus kleinen bis mittelgroßen Vögeln und Säugetieren bis ca. 1 kg Gewicht.

Merkmale Der Habicht erreicht eine Länge von bis zu 63 cm bei einer Spannweite von bis zu 122 cm. Sein auffälligstes Merkmal ist auf der Brust die horizontale blaugräuliche Bänderung („Sperberung"). Die Oberseite des Habichts ist im ersten Gefieder braun gefärbt, später dann grau-blau. Auch seine Augenfarbe verändert sich mit dem Alter: Im ersten Jahr haben Habichte gelbe Augen, die mit zunehmendem Lebensalter orange bis rot werden und bei alten Vögeln blutrot sein können. Die Lautäußerung des Habichts hört man vor allem während der Balzzeit im Frühjahr: Es ist ein scharfes „Gik-gik-gik".

Auf einen Blick

Gattung
Habichte und Sperber *(Accipiter)*

Länge/Spannweite
46–63 cm/89–122 cm

Verbreitung
Nordhalbkugel

Zugverhalten
Standvogel

Horst
mehrjährig im Wechsel; in Altholzbeständen an Wegen, Bachläufen oder Schneisen

Nahrung
Vögel, auch Hühner, Kleinsäuger

Lebensraum
Misch- und Nadelwälder mit offenen Flächen

Gelege
Mitte März–Mitte April; 2–4 blass-grüne bis blass-bläuliche Eier

Aussehen
Altvögel: Augen orange bis rot; Oberseite dunkel bis schiefergrau; Unterseite weiß mit dunkler Querbänderung; weißer Überaugstreif, langer Stoß mit 4–5 dunklen Querbinden
Jungvögel: Augen gelb; Oberseite dunkelbraun; Unterseite ocker-gelblich bis rotbraun, dunkle Längstropfung

Jagd
vom Ansitz aus

Revier Seine Horste baut er vorwiegend in mindestens 60 Jahre alte Altholzbestände und in der Nähe von Schneisen, Wegen oder Bachläufen.

» Auf einen Blick

Gattung
Habichte und Sperber *(Accipiter)*

Länge/Spannweite
32–41 cm/60–80 cm

Verbreitung
Nordhalbkugel

Zugverhalten
Stand- und Strichvogel

Horst
einjährig; in Stangenholzbeständen

Nahrung
überwiegend Kleinvögel

Lebensraum
Misch- und Nadelwälder mit offenen Flächen

Gelege
Mitte April–Mitte Mai; 3–6 weiße Eier mit dunklen Flecken

Aussehen
Augen gelb; *Männchen:* Oberseite blaugrau; Unterseite rostrot quer gebändert; *Weibchen:* Oberseite dunkelbraun, Unterseite weiß mit dunkler Querbänderung

Jagd
kurzer, schneller Verfolgungsflug vom Ansitz

Der kleine einheimische Greifvogel ist auf die Jagd von Singvögeln spezialisiert. Sein Revier ist ursprünglich der Wald, doch mittlerweile ist er auch in stadtnahen Grünanlagen zu Hause.

Merkmale Der Sperber erreicht eine Länge von bis zu 41 cm und eine Spannweite von bis zu 80 cm. Neben der gelben Augenfarbe fällt auf der Brust die horizontale blaugräuliche Bänderung („Sperberung") auf. Die Oberseite des Sperbers ist im ersten Gefieder hellbraun gefärbt, später dann grau-blau. Beim männlichen Tier sind eine rötliche Einfärbung des Brustgefieders sowie rötliche Beinbefiederung ein charakteristisches Unterscheidungsmerkmal. Die eher seltenen Rufe des Sperbers ertönen als ein kurzes, schnelles „Ki-ki-ki".

Revier Sein Jagdrevier umfasst Wald- und Offenflächen, aber auch ruhig gelegene menschliche Siedlungsgebiete.

Der Fischadler ist die einzige Greifvogelart, die sich fast ausschließlich von lebenden Fischen ernährt: Er fängt seine Beute, indem er im Sturzflug ins Wasser eintaucht. Er besitzt eine „Wendezehe", die er nach hinten drehen und somit die Fische einfacher transportieren kann.

Merkmale Mit einer Länge von bis zu 60 cm und einer Flügelspannweite von bis zu 170 cm ist der Fischadler ein mittelgroßer Greifvogel. Man erkennt ihn gut an seinem kontrastreichen Gefieder, das auf der Unterseite fast weiß und auf der Oberseite nahezu vollständig dunkelbraun ist. Auch sein Kopf ist weiß, mit einem schwarzen Augenstreif, der sich vom Schnabel bis zum Nacken hin erstreckt. Ein junger Fischadler hat helle Federsäume sowie orangefarbene Augen, die bei den älteren Tieren meist ins Gelbliche übergehen. Die Lautäußerung des männlichen Fischadlers klingt während der Balzzeit wie ein pfeifendes „Ü-iilp".

» Auf einen Blick

Gattung
Fischadler *(Pandion)*

Länge/Spannweite
55–60 cm/150–170 cm

Verbreitung
nahezu weltweit

Zugverhalten
Zugvogel, überwintert südlich der Sahara

Horst
mehrjährig; in alten, hohen, einzeln stehenden Bäumen

Nahrung
Fisch

Lebensraum
fischreiche Gewässer

Gelege
April–Mai; 2–3 weiße Eier mit rot-braunen Flecken

Aussehen
Augen gelb; Oberseite dunkelbraun; Unterseite weiß; heller Kopf

Jagd
Ansitz, Suchflug

Revier Fischadler leben in Küstengebieten, an Binnenseen, Flüssen und Kanälen – also überall dort, wo sie ein ausreichendes Angebot an Beutefischen vorfinden.

» Auf einen Blick

Gattung
Echte Adler *(Aquila)*

Länge/Spannweite
80–100 cm/190–230 cm

Verbreitung
Nordhalbkugel

Zugverhalten
Standvogel, im hohen Norden Zugvogel

Horst
mehrjährig im Wechsel; in Felswänden und alten Bäumen

Nahrung
Säugetiere, Flugwild, auch Aas

Lebensraum
Gebirge, große Waldregionen

Gelege
Ende März–Mitte April;
2 weißliche Eier mit rotbraunen Flecken

Aussehen
Altvögel: Augen hellbraun, gelegentlich gelb; Gefieder braun, am Hinterkopf und Nacken goldgelb
Jungvögel: braun mit weißen Fenstern in den Handinnenschwingen; weißer Stoß mit dunkler Endbinde

Jagd
Jagd vom Ansitz, Suchflug

Der Steinadler, der stärkste einheimische Greifvogel, ist vor allem in den alpinen Gebirgsregionen ganzjährig zu beobachten, wo er Murmeltiere, Hasen und sogar junge Gämsen erbeutet.

Merkmale Mit einer Länge von bis zu 100 cm und einer Flügelspannweite von bis zu 230 cm ist der Steinadler deutlich größer und langflügeliger als der Mäusebussard. Das Gefieder ist bei geschlechtsreifen Vögeln einheitlich braun, wobei der Hinterkopf und der Nacken goldgelb gefärbt sind. Deutlich erkennbar sind die Jungvögel an den weißen Fenstern in den inneren Handschwingen und dem weißen Schwanz mit dunkler Endbinde. Der Ruf des Steinadlers ist ein „Glük-glük".

Revier Der Steinadler benötigt offene Landschaften, wie z. B. Weideflächen, mit ausreichendem Nahrungsangebot sowie möglichst steile Felswände als Brutplätze.

Der Schreiadler ist die kleinste in Deutschland heimische Adlerart. Sein ursprüngliches Verbreitungsgebiet war in Pommern, worauf der Namenszusatz *„pomarina"* und seine frühere Bezeichnung als „Pommernadler" zurückgehen.

Merkmale Mit einer Länge von ca. 60 cm und einer Flügelspannweite von ca. 150 cm ist der Schreiadler nur wenig größer als der Mäusebussard. Der erwachsene Schreiadler hat bernsteinfarbene Augen, bei den Jungvögeln sind sie braun. Sein Gefieder ist überwiegend braun, mit helleren Schulter- und Flügeldecken. An den oberen Enden der Schwanzfedern zeigt sich oft ein weißes Band. Das Gefieder der Jungvögel ist einheitlicher braun und weniger kontrastreich. Der Schreiadler ist, wie sein Name schon sagt, sehr ruffreudig. Sein erregter Ruf, ein kräftiges „Tjück", ist fast so laut wie das Bellen eines Hundes. Der Balzruf „Wiik" klingt hingegen eher wie ein langer Pfiff.

» Auf einen Blick

Gattung
Echte Adler *(Aquila)*

Länge/Spannweite
55–67 cm/143–168 cm

Verbreitung
östliches Europa, ab Ostdeutschland

Zugverhalten
Zugvogel; überwintert südlich der Sahara

Horst
mehrjährig; in alten Bäumen

Nahrung
Kleinsäuger, Amphibien, Reptilien, Kleinvögel, große Insekten

Lebensraum
Auwaldgebiete

Gelege
Ende April–Anfang Mai; 1–3 weißliche Eier mit rotbraunen Flecken

Aussehen
Augen bernsteinfarben; Gefieder erdbraun, Flügeldecken heller als die dunkleren Handschwingen

Jagd
zu Fuß, vom Ansitz, Suchflug

Revier Der Schreiadler bevorzugt von Feuchtgebieten durchzogene Misch- oder Laubwälder. Ideal sind klassische Auwaldgebiete mit geringer menschlicher Besiedelung.

» Auf einen Blick

Gattung
Seeadler (*Haliaeetus*)

Länge/Spannweite
74–95 cm/193–244 cm

Verbreitung
Eurasien

Zugverhalten
Zugvogel; überwintert südlich der Sahara

Horst
mehrjährig; auf Felsklippen, in alten Bäumen

Nahrung
Fische, Wasservögel, Aas

Lebensraum
Meeresküste und Binnengewässer mit Waldbeständen

Gelege
Ende Februar–Mitte März; 2–3 weiße Eier

Aussehen
Augen bernsteinfarben; *Altvögel:* Gefieder braun; Stoß weiß; Schnabel gelb; *Jungvögel:* Gefieder dunkelbraun; Stoß braun, stellenweise weiß gefleckt; Schnabel dunkel

Jagd
Ansitz, Such- und Gleitflug

Der Seeadler gehört zu den größten europäischen Adlern. Die Art war durch den Einsatz von Insektiziden in Europa fast ausgerottet, doch mittlerweile nimmt der Bestand wieder stark zu.

Merkmale Der Seeadler erreicht eine Länge von 95 cm bei einer beeindruckenden Flügelspannweite von bis zu 244 cm. Neben seiner Größe ist auch sein Flugbild sehr charakteristisch: Die breiten, brettförmigen Flügel mit den fingerähnlichen Enden und der kurze, helle Schwanz sind unverkennbar. Erwachsene Vögel haben ein einheitlich dunkel- bis fahlbraun gefärbtes Gefieder. Lediglich der Stoß ist reinweiß. Jungvögel sind hingegen generell dunkler gefärbt, auch am Stoß. Die Rufe des Seeadlers ähneln denen des Schwarzspechts: „Klü-klü" oder „Rick-rick".

Revier An Küsten oder Binnengewässern, möglichst mit Altholzbeständen, fühlt sich der Seeadler am wohlsten.

Die Wiesenweihe ist zur Brutzeit auch in Deutschland zu finden. Da sie gerne in Getreidefeldern auf dem Boden brütet, ist sie durch Mäharbeiten gefährdet. Durch spezielle Schutzprogramme wurde ihr Vorkommen wieder erhöht.

Merkmale Mit einer Länge von bis zu 50 cm und einer Flügelspannweite von bis zu 116 cm zählt die Wiesenweihe zu den mittelgroßen Greifvögeln. Das Männchen ist vom weiblichen Tier am Gefieder deutlich zu unterscheiden: Die Weibchen sind auf dem Oberkopf, am Hinterhals, am Rücken und den Oberflügeldecken einfarbig mittelbraun. Die Unterseite ist heller und dunkel gestrichelt. Bei den Männchen sind der Kopf, die Flügeloberdecken, die Rumpfoberseite sowie die Unterseite bis zur Bauchmitte hin dunkelgrau. Die Bauchmitte ist rotbraun gestrichelt. Als Balzruf lässt das Männchen aneinandergereihte nasale „Kä-kä-kä"-Töne erklingen.

» Auf einen Blick

Gattung
Weihen *(Circus)*

Länge/Spannweite
39–50 cm/96–116 cm

Verbreitung
Mitteleuropa, Russland, baltische Staaten, südliche Türkei, nördlicher Kaukasus

Zugverhalten
Zugvogel; überwintert südlich der Sahara

Horst
einjährig; Bodenhorste in dichter Vegetation

Nahrung
Mäuse, Kleinsäuger, Kleinvögel, Eidechsen und große Insekten

Lebensraum
feuchtes Gelände, nasse Wiesen, Sümpfe, Schilf, Flachmoore, Verlandungszonen, auch Felder und Wiesen

Gelege
Mai/Juni; 3–6 weiße Eier

Aussehen
Augen gelb; *Männchen:* Oberseite dunkelgrau, Flügelspitzen schwarz; Unterseite grauweiß mit rotbrauner Längsstrichelung; *Weibchen:* Oberseite mittelbraun mit helleren Federsäumen; Unterseite ockergelb und längsgetropft

Jagd
bodennaher gaukelnder Suchflug

Revier Die Wiesenweihe bevorzugt offene und feuchte Flächen, wie Moore und Heideland. Zunehmend brütet sie auch auf landwirtschaftlichen Flächen, wie z. B. in Getreidefeldern.

» Auf einen Blick

Gattung
Weihen (*Circus*)

Länge/Spannweite
42–55 cm/97–118 cm

Verbreitung
nahezu in ganz Europa

Zugverhalten
Zugvogel in Nord- und Osteuropa, überwintert in Mittel- und Südeuropa

Horst
einjährig; Bodenhorste in dichter Vegetation

Nahrung
Mäuse, Kleinvögel

Lebensraum
offene Flächen, Moore, Heideflächen, Verlandungszonen, Feuchtwiesen, Dünengebiete, gelegentlich Wiesen und Äcker

Gelege
Mai; 4–6 weiße Eier

Aussehen
Augen gelb; *Männchen:* Rücken, Stoß und Kopf hellgrau, Brust, Bauch, Hose weiß; *Weibchen:* braun, Rücken helle Federsäumung, Unterseite ockergelb längsgetropft

Jagd
bodennaher gaukelnder Suchflug

Trotz ihres Namens befindet sich das Brutgebiet der Kornweihe nicht in Getreidefeldern, sondern hauptsächlich in Mooren, Heiden und Steppenlandschaften. Zur Jagd hingegen sucht sie sich oft landwirtschaftliche Flächen aus.

Merkmale Mit einer Länge von ca. 50 cm und einer Flügelspannweite von ca. 110 cm ist die Kornweihe etwas kleiner als der Mäusebussard. Die Männchen unterscheiden sich von den Weibchen durch ihre Grundfarbe: Sie sind grau und haben schwarze Flügelspitzen. Die Weibchen hingegen sind braun gemustert mit haben einen schwarz gebänderten Stoß. Die Balzrufe des Männchens bestehen aus gereihten, abgehackten „Tschuk-uk-uk"-Tönen. Bei Bedrohung des Nestes rufen die Weibchen ein zwitscherndes „Tschit-it-it".

Revier Diese Weihenart bevorzugt offene Lebensräume, z. B. Moorgebiete, Heidelandschaften oder Verlandungszonen.

» Auf einen Blick

Gattung
Weihen *(Circus)*

Länge/Spannweite
48–62 cm/115–130 cm

Verbreitung
Nordwestafrika, Japan, Australien, Ozeanien, Europa

Zugverhalten
Zugvogel

Horst
einjährig; Bodenhorste in dichtem Röhricht

Nahrung
Kleinsäuger, Vögel, Fische, Frösche, Reptilien

Lebensraum
Uferzonen mit Schilf und Röhricht, moorige Wiesen, Sümpfe, auch Getreidefelder und Wiesen

Gelege
April–Mai; 3–8 bläulich-weiße Eier

Aussehen
Augen gelb; *Männchen:* Oberseite dunkelbraun; Flügel grau mit schwarzen Handschwingen; Unterseite braunrot, Kopf hell mit dunkler Strichelung; *Weibchen:* einfarbig dunkelbraun, an Kopf, Nacken, Kehle und Schultern gelblich

Jagd
bodennaher gauckelnder Suchflug

Revier Der charakteristische Lebensraum der Rohrweihe sind überwiegend Schilf- und Röhrichtbestände, gelegentlich werden auch Felder zum Brüten genutzt.